DIY系列

DIY系列

DIY系列

DIY
系列

路邊攤美食DIY

目錄 CONTENTS

46 雙胞胎&芝麻球&甜甜圈

油炸的甜點中，百分之十五至二十的重量是油炸過程中所吸收之油炸油，不少愛美怕胖的人，因為擔心「吃甚麼便成為甚麼」，因而敬而遠之，但它的美味誘人，還是令大部分的人很難抗拒這樣的誘惑。像是雙胞胎、甜甜圈和芝麻球這三項甜點，就是其中的代表……

56 蘿蔔絲餅

蘿蔔絲餅的外型有厚有薄，較常見的是橢圓形及圓形，可以做得小巧玲瓏一口一個，也可以做成如東北大餅一般，端看個人喜好。講究一點的蘿蔔絲餅應呈金黃色半透明狀，這樣才表示麵皮煎得很酥透；而一層一層的酥皮，則表示酥層是越多越棒……

62 東山鴨頭

東山鴨頭的處理過程其實非常的複雜，除了材料的品質要好之外，處理的人心更是要特別細膩，因為鴨子身上的細毛要是沒清乾淨，很容易影響口感。而在滷煮的過程，只要一個不小心，不管是材料放的比例不對或是火候沒注意好，都可能會前功盡棄。

68 鬆餅

鬆餅分兩種，一種圓圓薄薄像盤子的是pancake；而厚實格子狀的是雞蛋餅waffle。本篇所介紹的是waffle的作法。Waffle吃的方式有許多種，像是灑上薄薄一層糖霜、淋上糖漿或抹上蜂蜜、鮮奶油。可以切成一小塊一小塊吃，也可以隨性大口咬……

74 木瓜牛奶

木瓜含有豐富的維他命A，鮮奶具有鈣質，都是人體所需的營養份。此外，由於木瓜含木瓜酵素，入胃會被分解成蛋白質酵素，可加強消化作用，也能避免胃部疾病。對於女性而言，木瓜牛奶更是養顏美容的聖品，除了可使膚色變白外，因為木瓜、牛奶都有助於胸部發育，所以木瓜加牛奶更可使效果加倍……

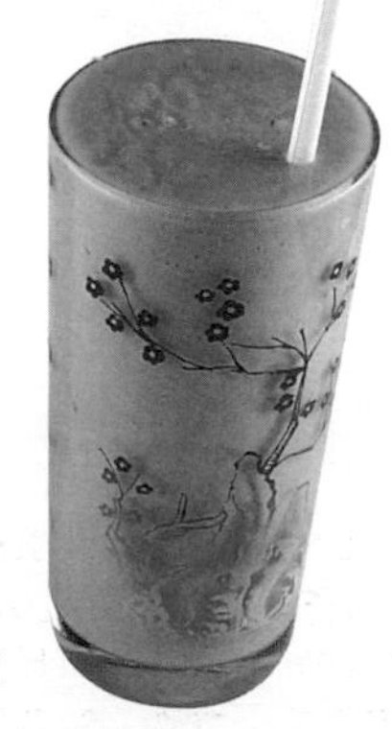

80 泡泡冰

泡泡冰是刨冰的一種，其質地較軟而綿，入口即化，感覺很特別。這種泡泡冰並非是像平常將糖水直接淋在冰上的刨冰，而是會以人工攪拌的方式，把刨冰跟糖漿混在一起，直至兩者完全混在一起……

編輯室手記

路邊攤美味食譜，教你在家輕鬆DIY

小吃在台灣，儼然成為一種文化。小時候嘴巴饞，媽媽會買個剛炸出來的雙胞胎或沾滿糖粉的甜甜圈，讓你啃個夠，雖然雙手吃得油膩膩、嘴巴上滿是白白的糖粉，但是那種甜蜜的滋味，卻一直留在心頭。長大後，早上匆匆忙忙趕時間上課，母親若來不及準備早餐，在路邊買個兩顆剛出爐還熱呼呼的水煎包，再配上一杯冰豆漿，美好的早晨就這樣開始。上班後，下午茶時間一到，沒空坐在歐洲風味的餐廳裡享受餅乾與和煦的午後陽光，也同樣可到路邊攤買碗蚵仔麵線，一顆顆飽滿的新鮮蚵仔，搭上香菜、黑醋與蒜頭泥，或是來杯冰冰涼涼的木瓜牛奶，這樣的一份中式下午茶，花不了50元，就可以讓你精力十足繼續在工作上衝刺。晚上睡不著肚子空空想吃宵夜，來碗藥燉排骨既營養又養身。

路邊攤小吃對於我們來說，是從小陪伴到大，不論是油炸的鹹酥雞、芝麻球，還是麵線、木瓜牛奶等等，各式各項的小吃充斥在生活的周圍。路邊攤就像是永遠都不會關門的7-11一般，為我們的生活增添了方便與樂趣。而那傳統的美味，也是許多出國的遊子們所念念不忘的家鄉味。

雖然如此，對於路邊攤的美食，很多人還是存在著小小的隱憂，那就是不夠衛生。「路邊攤」顧名思義就是在路邊搭個攤子賣東西，馬路邊車水馬龍，灰塵在空氣中四處飄散，老闆的衛生習慣好不好，成了菜好不好吃的重要關鍵之一。另外，現代人對於養身、健康這方面的觀念越來越重視，少糖、少鹽、不要味精，成為大家選擇食物的準則。於是，路邊攤的小吃雖然美味，但是礙於種種的考量，也許會開始令人卻步。

想吃美食又擔心不夠衛生、健康怎麼辦？大都會文化為了服務讀者，讓讀者也可以在家輕鬆做出美味的路邊攤美食。特別將受歡迎的路邊攤美食作法一一集結成書，老闆們親身下廚做給你看，不僅步驟詳細讓你一目了然，文字解說更是簡單易懂，書中包括了蚵仔麵線、水煎包、蘿蔔絲餅、甜不辣、雙胞胎、甜甜圈與芝麻球等等小吃。當你想吃卻又不想出門買時，就可以照著本書中的詳細步驟，一步一步的做出你想要的路邊攤小吃，這樣不僅衛生，口味還可以因人而異，不想吃太甜的就少加糖，想要吃健康一點的就不要加味精。

想要在家做出如路邊攤美味的小吃不再是難事，開始享受自己在家DIY的樂趣吧！只要按著本食譜按圖索驥，就能做出既衛生又營養而且也不用頂著烈日排隊的道地美味。

臭豆腐

大都會文化 讀者服務卡

書名：舞動燭光-手工蠟燭的綺麗世界

謝謝您選擇了這本書！期待您的支持與建議，讓我們能有更多聯繫與互動的機會。
日後您將可不定期收到本公司的新書資訊及特惠活動訊息。

A.您在何時購得本書：_____年_____月_____日
B.您在何處購得本書：__________書店(便利超商、量販店)，位於___________(市、縣)
C.您從哪裡得知本書的消息：1.□書店 2.□報章雜誌 3.□電台活動 4.□網路資訊5.□書籤宣傳品等 6.□親友介紹 7.□書評 8.□其他____________________
D.您購買本書的動機：（可複選）1.□對主題或內容感興趣 2.□工作需要 3.□生活需要4.□自我進修 5.□內容為流行熱門話題 6.□其他____________________
E.您最喜歡本書的（可複選）：1.□內容題材 2.□字體大小 3.□翻譯文筆 4.□封面5.□編排方式 6.□其它
F.您認為本書的封面：1.□非常出色 2.□普通 3.□毫不起眼 4.□其他__________
G.您認為本書的編排：1.□非常出色 2.□普通 3.□毫不起眼 4.□其他__________
H.您通常以哪些方式購書：(可複選)1.□逛書店 2.□書展 3.□劃撥郵購 4.□團體訂購5.□網路購書 6.□其他__________
I.您希望我們出版哪類書籍：（可複選）1.□旅遊 2.□流行文化3.□生活休閒4.□美容保養 5.□散文小品 6.□科學新知 7.□藝術音樂 8.□致富理財 9.□工商企管10.□科幻推理 11.□史哲類 12.□勵志傳記 13.□電影小說14.□語言學習(_____語) 15.□幽默諧趣 16.□其他____________________
J.您對本書(系)的建議：
____
K.您對本出版社的建議：____________________

★讀者小檔案★

姓名：__________ 性別：□男 □女 生日：_____年_____月_____日

年齡：□20歲以下□21～30歲□31～40歲□41～50歲□51歲以上

職業：1.□學生 2.□軍公教 3.□大眾傳播 4.□ 服務業 5.□金融業 6.□製造業 7.□資訊業 8.□自由業 9.□家管 10.□退休11.□其他 __________

學歷：□ 國小或以下 □ 國中 □ 高中／高職 □ 大學／大專 □ 研究所以上

通訊地址 ____________________

電話：（H）__________（O）__________傳真：__________

行動電話：__________ E-Mail：__________

如您願意收到本公司最新圖書訊息或電子報，請務必留下電子信箱地址。

請沿虛線剪下，對折裝訂後寄回

手工蠟燭的綺麗世界

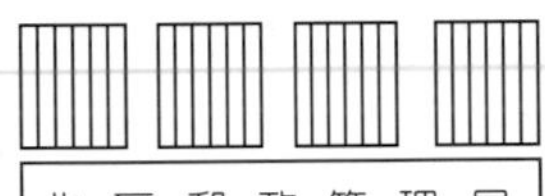

北區郵政管理局
登記證北台字第9125號
免貼郵票

大都會文化事業有限公司
讀者服務部收

110 台北市基隆路一段432號4樓之9

寄回這張服務卡（免貼郵票）
您可以：
◎不定期收到最新出版訊息
◎參加各項回饋優惠活動

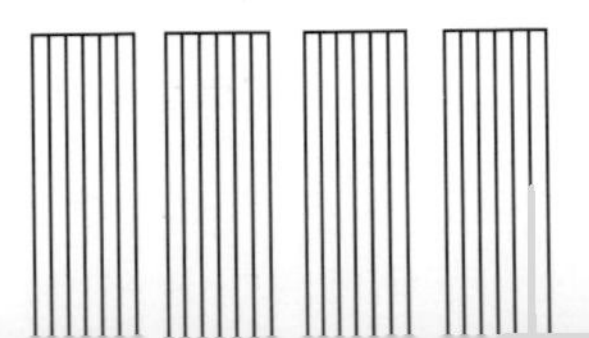

舞動燭光 手工蠟燭的綺麗世界

作　　者　蘇・海瑟（Sue Heaser）
譯　　者　廖慧雯

發 行 人　林敬彬
主　　編　楊安瑜
責任編輯　鄭文白
美術編輯　陳文玲
封面設計　陳文玲

出　　版　大都會文化 行政院新聞局北市業字第89號
發　　行　大都會文化事業有限公司
110台北市信義區基隆路一段432號4樓之9
讀者服務專線：（02）27235216
讀者服務傳真：（02）27235220
網址：www.metrobook.com.tw
電子郵件信箱：metro@ms21.hinet.net
郵政劃撥　14050529 大都會文化事業有限公司
出版日期　2004年11月初版第一刷
定　　價　280 元
I S B N　986-7651-27-8
書　　號　Master-007
Printed in Taiwan
※本書如有缺頁、破損、裝訂錯誤，請寄回本公司更換※

Metropolitan Culture Enterprise Co., Ltd.
4F-9, Double Hero Bldg., 432, Keelung Rd., Sec. 1,
TAIPEI 110, TAIWAN
Tel:+886-2-2723-5216 Fax:+886-2-2723-5220
e-mail: metro@ms21.hinet.net

國家圖書館出版品預行編目資料

舞動燭光 ： 手工蠟燭的綺麗世界 /
蘇.海瑟(Sue Heaser)著 ； 廖慧雯譯.
— 初版. — 臺
北市 ： 大都會文化, 2004[民93]
面 ；　公分
譯自 ： The big book of candles
ISBN 986-7651-27-8(平裝)
1. 美勞 2. 蠟燭

999　　　93018181

紙燈籠蠟燭（P130）

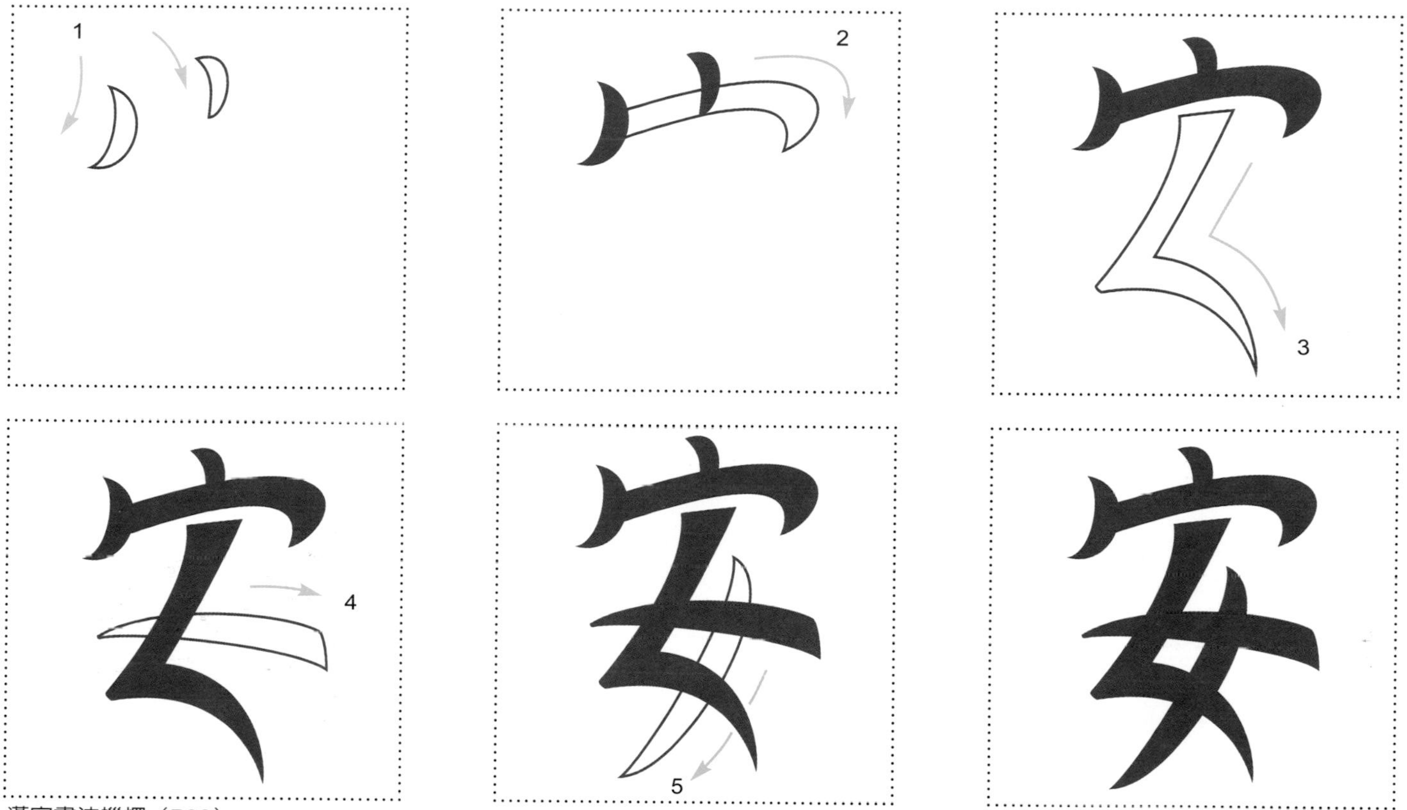

漢字書法蠟燭（P98）

蕨葉雕刻蠟燭（P106）

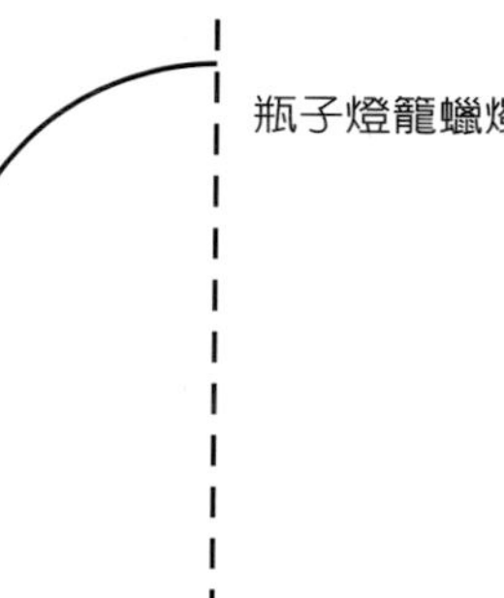

瓶子燈籠蠟燭（P123）

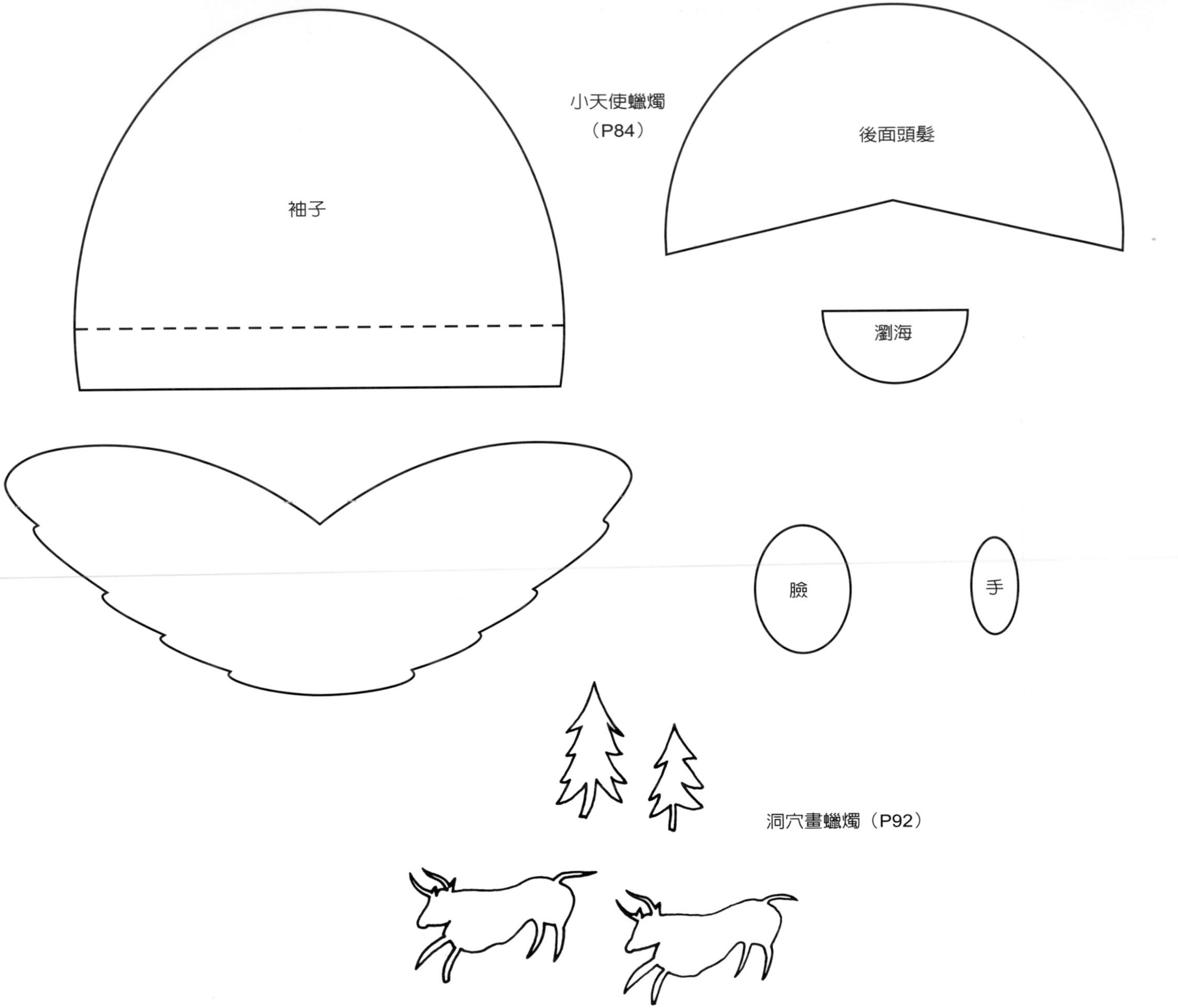
小天使蠟燭
（P84）
袖子
後面頭髮
瀏海
臉
手
洞穴畫蠟燭（P92）

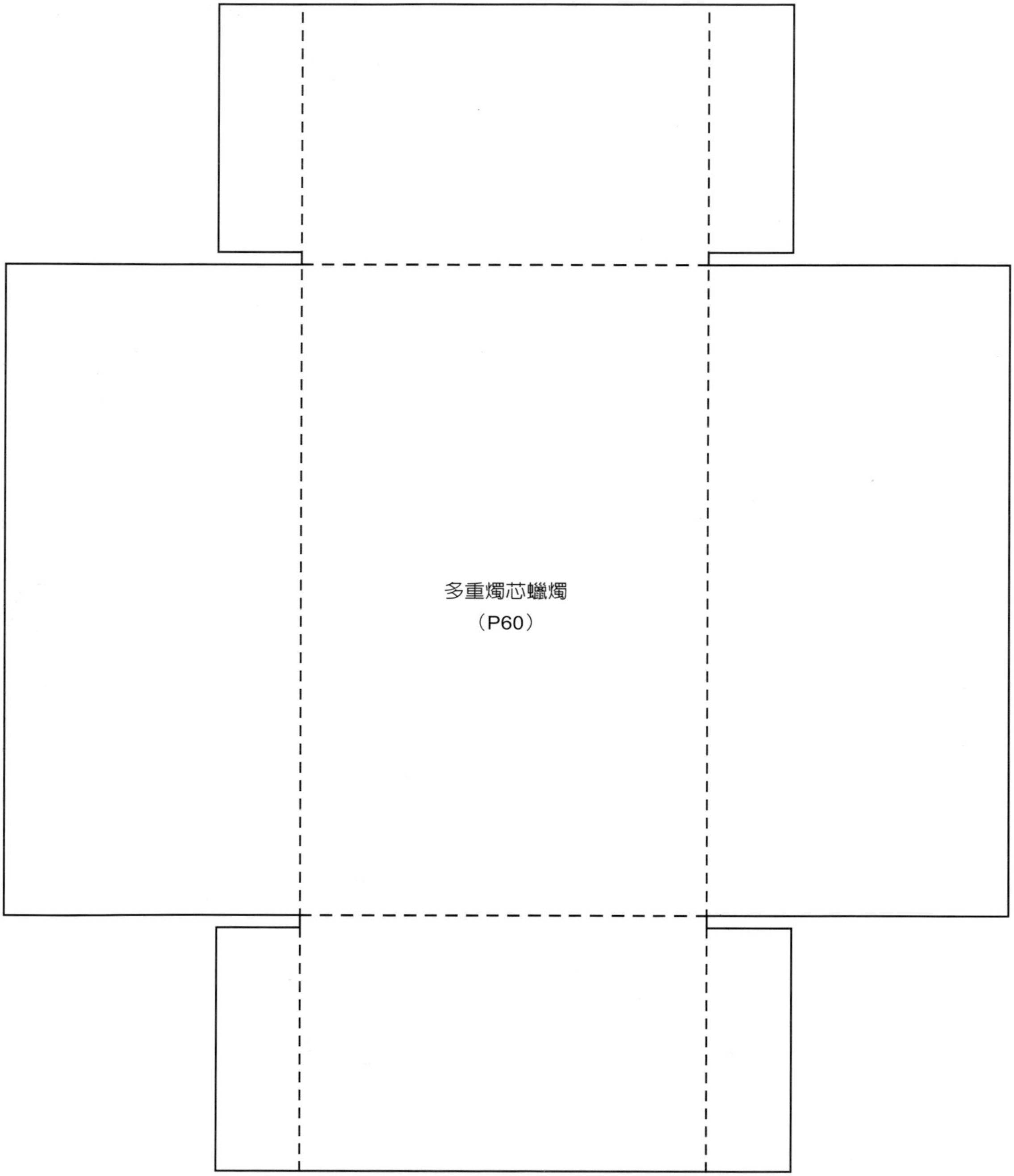

多重燭芯蠟燭

（P60）

8
6
7
4
9
5
10

臭豆腐的由來傳說是在清康熙八年（公元1669年），安徽仙源縣赴京趕考的舉人王致和因落榜，困居在當時的安徽會館。王幼年曾在父親開設的豆腐作坊學過手藝，為了維持生計繼續唸書，以求得功名，便在會館附近租了幾間房子，每天磨豆子做成豆腐沿街叫賣。有一次，豆腐作太多了沒有賣完，又值夏季，如不及時處理就會發霉變質。他苦思對策，忽然想起家鄉用豆腐作腐乳的方法。從未做過腐乳的王致和靈機一動，找了一個罈子，將剩下的豆腐切成小塊，一層層地抹好，用鹽醃製起來。

後來他專心唸書，慢慢淡忘此事。直到秋天，王致和又重操舊業，這時才想起那醃製的豆腐。他急忙打開罈蓋，一股臭氣撲鼻而來。取出一看，豆腐已呈青灰色，但嚐起來卻滋味鮮美。送給鄰居品嚐，大家也都稱贊不已。於是，一傳十，十傳百，「王致和」臭豆腐在民間逐漸流傳開來。到了清朝末年，臭豆腐傳入宮中，許多太監也愛上這樣的美食，甚至將臭豆腐列為御膳小菜之一。後來因為臭豆腐的名稱聽起來不雅，於是皇上就賜一名為「青方」。

臭豆腐的特點在於怪味新奇，膾炙人口，吃起來卻又具有開胃、增進食慾之功能。許多人從剛開始的掩鼻而過，到後來的欲罷不能，臭豆腐的確是有它過人的吸引力。

通常臭豆腐是以黃豆為原料，經過泡豆、磨漿、濾漿、點鹵、發酵、醃製、再發酵等多道程序製成。其中醃製是一個重要的關鍵，撒鹽和佐料的多少將直接影響臭豆腐的質量。鹽多了，豆腐不臭；鹽少了，豆腐則過臭。臭豆腐之所以「臭」的如此美味，是因為豆腐塊上繁殖了一種產生蛋白的霉菌，它分解了蛋白質，形成了極豐富的氨基酸，味道就會鮮美。而臭味主要是蛋白質在分解過程中產生了硫化氫氣體所造成的。

而泡菜可說是臭豆腐最佳伴侶，在醃製泡菜時通常會加入辣椒、蒜頭等辛香料，這些

我來介紹

「我的小吃攤的臭豆腐特色是外酥內軟，吃過的人個個都說讚。而每天親手做出來的泡菜，吃起來清脆爽口，酸、辣、香、甜盡在口中，讓泡菜不再只是臭豆腐的配料，而是一道可引人食慾大增的小菜。」

老闆・王素娥小姐

因為好吃，所以賺錢

東區臭豆腐

地址：台北市東區忠孝東路四段一帶

電話：(02) 8771-4288

每日營業額：1萬6千元

用料在發酵過程中產生的成份，經過研究顯示，對減肥十分有效。其中主要是因為辣椒內含燃燒脂肪的成份，能提高身體代謝機能，防止脂肪囤積。當吃泡菜汗流浹背時，表示體內的脂肪正在燃燒。

另外，薑有助促進血液循環，而蒜頭具有加速心跳、擴張皮膚血管、維持體表溫度的功效。也就是說，即使是新陳代謝比較差、脂肪率較高的體質，只要多吃蒜頭和薑，也會提高新陳代謝效率，間接提昇辣椒的燃燒脂肪功效。

製作方式

《《 材料

美味的泡菜其實製作起來很容易，只要懂得挑選好的高麗菜，而在醃製之前記得把高麗菜的菜味及水分，利用鹽巴去除，醃製起來的高麗菜就不會有澀澀的味道，而且還特別的鮮甜爽口。泡上冷水醃製更可以增加清脆度。

1. 高麗菜1顆
2. 紅辣椒2條
3. 鹽1大匙
4. 工研白醋3/4至1杯
5. 味增適量
6. 紅蘿蔔4兩
7. 冰糖3平匙
8. 香油1茶匙
9. 豆瓣醬適量
10. 金蘭醬油適量

《《 前製處理

1.泡　菜：

(1) 先將高麗菜、紅蘿蔔、辣椒洗淨切好、晾乾。

(2) 在高麗菜裡加入鹽，用手搓揉約1小時，直到高麗菜看起來像是熟透一般，藉以去掉高麗菜本身的菜味。最後用煮過後放涼的開水，再沖洗1次。

(3) 用比例恰當的調味料包括，冰糖2兩、鹽1大匙以及香油1茶匙，加入高麗菜及紅蘿蔔絲中拌過。

(4) 加入切好的紅辣椒與高麗菜拌均勻。

(5) 倒入適量的白醋醃製。

(6) 將調味好的泡菜靜置一晚等待入味後，就可以食用了。

2.臭豆腐：

(1) 將臭豆腐所含的臭水沖洗乾淨（會使臭豆腐本身的臭味較淡）。

(2) 將臭豆腐的水稍微瀝乾，免得下鍋炸時起油泡。

3.沾　醬：

(1) 將豆瓣醬、醬油、味噌醬、冰糖按照個人喜好比例調配。

(2) 煮開後加入太白粉勾芡，即成臭豆腐沾醬。

《《 製作步驟

1. 先將臭豆腐丟進油溫約130度的油鍋中泡炸。

2. 待略黃時撈起備用。

獨家秘方

製作韓式泡菜的方式與中式泡菜相去不遠，同樣選擇表面沒有損傷的大白菜，將葉片整片摘下放在大的容器中，撒上鹽並且略爲翻拌，泡菜事先用雙手搓揉，可增加清脆度。讓每片菜葉都沾上鹽後，靜置一個小時後，白菜葉片會變軟，再用清水沖淨表面的鹽，擠乾水份並將葉片撕成條狀備用。

調味料當然少不了大量的紅辣椒、蔥、薑、大蒜、洋蔥等香辛料，另外，還可以加入乾蝦仁、堤魚醬、生魚湯等提味，吃起來酸、甜、辛、辣，但卻沒有放醋，因爲其酸味是天然生成的，放在甕裏越久酸味越重。一般說來，發酵的時間約爲一個月，不過要注意的是，要視口味喜好酌量放入辣椒粉，以免做出太辣的韓國泡菜哦！

3. 要食用時將臭豆腐切成1/4小塊，再度下鍋炸至金黃，如蜂巢狀熟透，即可撈起。

4. 加入泡菜及調味沾料、蒜泥等沾醬即可成為一盤可口的臭豆腐。

5. 炸得金黃香酥的臭豆腐配上酸辣的泡菜，可謂是人間極品。

水煎包

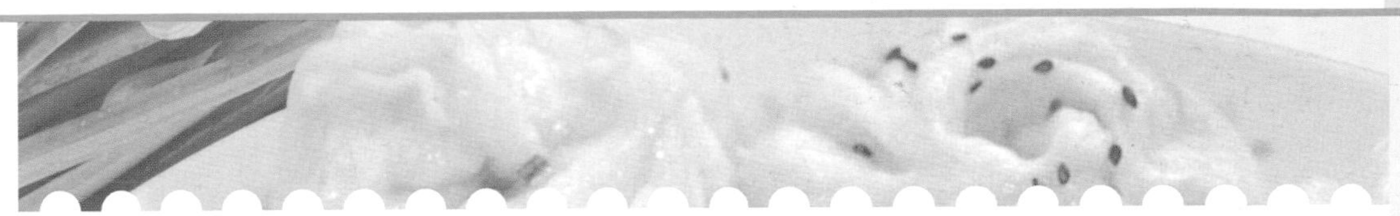

現代人做事要求迅速敏捷，吃東西更不能浪費太多時間，於是水煎包可以邊走邊吃的便利性，再加上便宜又易飽的特性，成為了現在許多人三餐中的一餐。

專門在賣煎包的小吃是何其的多，然而每一家口味似乎又有那麼點不一樣，雖然通常只分肉包和菜包二種，但肉包的餡兒多，料也實在，咬下去還能感覺到肉餡兒裡的湯汁溢出及陣陣的蔥花香；菜包也不能馬虎，剁碎的高麗菜拌著蝦米，吃起來還有濃濃的胡椒味；而外層的皮也桿得厚薄適中，軟軟酥酥的，裡外都可謂貨真價實。

除了要料好實在之外，在煎時的火候也很重要，經驗久了，多大的火候，何時掀鍋，自然也就拿捏得準，每次一掀開鍋蓋，白茫茫的蒸氣衝上天，香味馬上四溢，惹的人忍不住馬上掏出零錢買一、兩個解解饞，祭一祭這挑剔的五臟廟。

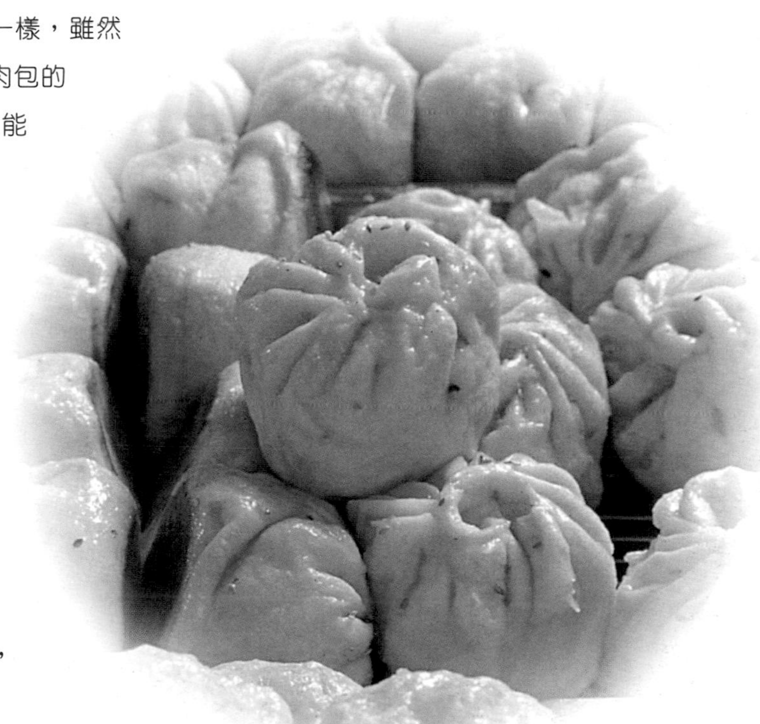

我來介紹

「我家的水煎包，高麗菜包是招牌，韭菜包是金牌，肉包是王牌，而且有不少客人在吃過之後就愛上了。我知道客人都不愛吃肥肉，於是花了一番功夫將肉包改良成人嚐人愛的味道，再加上所使用的麵糰發酵方式跟一般麵包類似，因此口感也有所不同，令人一吃就上癮。」

老闆・廖先生

因為好吃，所以賺錢

劉備水煎包

營業地點：台北市內江街31號

聯絡方式：（02）2314-8528

每日營業額：約1萬3千元

製作方式

《《 材料

通常製作水煎包時的麵糰製作方法有手工揉麵以及機器攪拌法兩種，機器攪拌法可節省時間及人力，但必需注意幾件事情，首先是水的用法。在夏天需用冰水或碎冰，因機器揉麵時力量很大，而且機器會磨擦生熱使麵糰溫度升高，破壞麵糰中麵筋之筋性及使麵糰發酸，影響到做出來水煎包口感。

而水煎包裡面的內餡可以隨各人喜好變更，下面分別介紹三種常見的水煎包餡料。

1. 高麗菜
2. 韭菜
3. 五花絞肉（已經事先絞好）1斤
4. 蔥半斤
5. 中筋麵粉半斤（1斤約可以做出40粒）
6. 酵母菌1/5匙（1斤麵粉約1大匙）
7. 冬粉絲1斤
8. 豆干3兩
9. 紅蘿蔔3兩
10. 肉餡調味料（醬油、胡椒粉、鹽、天然麻油、味精少許）
11. 蝦皮少許
12. 黑芝麻少許
13. 白芝麻少許

《《 前製處理

1. 麵皮

(1) 將乾酵母粉調溫水溶化（天氣熱的話，酵母菌放得愈少）。

(2) 將（1）倒入中筋麵粉中，加入少許的鹽提味。

(3) 一起揉成糰狀，約半小時後麵糰即發酵成原來的2倍大。

(4) 放一夜醒麵至表面成光滑狀即可成麵糰。

2. 肉包內餡

(1) 將五花絞肉摔打成較有彈性。

(2) 加入以清洗好並切成蔥花的青蔥攪拌均勻。

(3) 加入鹽、味精、麻油、胡椒粉及少許的醬油調味。

(4) 放入冰箱冷藏一夜入味，即可備用。

3. 韭菜包內餡

(1) 韭菜、冬粉、蝦皮（用來提味）、豆干丁。

(2) 將韭菜洗淨切細。

(3) 冬粉用熱水泡軟後切細。

(4) 豆干丁洗淨切成小丁。

(5) 蝦皮用油爆出香味。

(6) 將（2）（3）（4）（5）混合。

(7) 加入鹽、味精、麻油調味，即可備用。

4.高麗菜餡

(1) 高麗菜、紅蘿蔔絲（配色）、冬粉、豆干丁。

(2) 將高麗菜洗淨切細。

(3) 紅蘿蔔刨成絲。

(4) 冬粉用熱水泡軟後切細。

(5) 豆干丁洗淨切成小丁。

(6) 將（2）（3）（4）（5）混合。

(7) 加入鹽、味精、麻油、胡椒粉調味，即可備用。

《《 製作步驟

1. 包

(1) 發酵過的麵糰揉成長條狀（需適時的灑些乾麵粉，避免沾黏）。

(2) 將麵糰一小塊、一小塊撕下或切開、壓扁（需適時的灑些乾麵粉，避免沾黏）。

(3) 用桿麵桿桿成小圓皮。

(4) 包入適量不同味的餡料。以摺狀旋轉方式將煎包的口封好。

獨家秘方

麵皮要做的又Q又好吃，首先要用乾酵母粉用溫水泡開，以麵粉加水和均勻，置盆中蓋溼布待其醱酵（約半天，氣溫高的話快些）將漲大一倍的麵糰再揉一會兒使表面光滑，再放個十幾分鐘到半小時讓它再發一會，這時可開始包餡了，而肉餡冰過之後會比較好包。

在包餡料的時候，將乒乓球大小的麵糰捏成凹狀（開口小一點）包入餡，收口最要緊了，要像做包子一樣邊捏邊轉圈，才不會讓收口處的皮太厚吃起來不好吃，包好就可以煎了，在家中可以用先用平底鍋油煎到二面金黃色，再加水，蓋鍋蓋悶熟就OK囉！

2.煎

(1) 先將平底鍋抹油加熱。

(2) 在排放水煎包之前，將水煎包稍作外型的捏理（起鍋後賣相會較佳）。

(3) 依序排入包子（包子與包子之間需留些間距，因為包子熟後會膨脹，如此才不致黏成一團）

(4) 加水至煎鍋的7至8分滿，然後蓋上鍋蓋煎煮7至8分鐘。

(5) 起鍋時，先淋上少許沙拉油，並在水收乾之前灑上芝麻，煎鏟先從中間鏟起1、2粒水煎包後，再從空隙陸續鏟起，以避免煎包破掉，影響口感。

甜不辣

甜不辣也就是日本的天婦羅，在南部地區又叫做黑輪。雖然它是日本食物，但卻是由在日本傳教的葡萄牙傳教士所發明。當時，傳教士為了吸收更多的信徒，而將製作好的魚漿料理擺在寺廟前，口中高喊「Temple（寺廟）」，經過日本人的口耳相傳而演變為「Tempure（天婦羅）」。

而早期魚漿料理的製作原理，是人類為了保存捕獲的魚，而發展出以鹽醃漬的方式，製成鹹魚；或是取下魚肉，加以洗淨、脫水、加鹽、捶打，製成魚漿，並從而研發出各式各樣的相關產品，像是魚丸、魚板、肉羹、甜不辣等。

最初在製作這些魚漿料理時，加入鹽是為了增加魚漿的彈性與鮮美，不過要達到長期保存的效果仍十分有限的，所以在製作的過程中，還必須適當的加熱與冷卻。由於魚漿的鮮甜美味，加上其方便保存的特性，使得它很快地成為超人氣的小吃。

而日本的天婦羅有兩種含意，一是指將食材沾裹麵衣，下鍋油炸而成的食物；另一種則是將魚肉打成魚漿後，再將其塑形，下鍋油炸成的食物。等到飄洋過海到了台灣，依據本地的風俗民情又有一番新的面貌，連稱呼都被台灣人喚為具鄉土味的「甜不辣」了。

我來介紹

「這10年來，透過雜誌媒體的介紹，頂級甜不辣漸漸打開了知名度，而且由於緊鄰華西街觀光夜市，許多來自世界各地的觀光客也都會來此。所以我們的產品可是經過全世界老饕品質認可的喔！」

老闆・郭大誠先生

因為好吃，所以賺錢

頂級甜不辣

地址：台北市萬華區廣州街與梧州街交叉口（華西街觀光夜市旁）

電話：(02) 2302-6022

每日營業額：1萬元

製作方式

《《 材料

台灣的甜不辣和日本的「關東煮」有些相似，而濃郁的湯頭、鮮甜的甜不辣、軟而不爛的白蘿蔔、口感十足的貢丸、散發黃豆香氣的油豆腐、彈牙的豬血糕，再加上特調的甜不辣醬，就是甜不辣真材實料的保證。

1.長條甜不辣半斤
2.白蘿蔔1條
3.貢丸
4.油豆腐半斤
5.野菜
6.甜不辣片半斤
7.豬血糕
8.水晶餃
9.大骨
10.柴魚

《《 前製處理

1.甜辣醬

(1) 在鍋中加入水半斤、在來米粉2大匙、蕃茄醬1大匙、糖3至4大匙(甜味程度視個人口味而定)、BB醬1茶匙(喜歡辣味者可加入)。

(2) 以小火煮至濃稠即可。

《《 製作步驟

2.高湯、

將大骨與蔬菜(如紅蘿蔔、高麗菜或洋蔥等)、柴魚放入水中熬煮，並不時攪動湯底，約1小時後即成高湯底。

3.其他配料

如甜不辣、油豆腐、豬血糕、水晶餃等食材，以中火加熱煮熟即可。

1. 白蘿蔔去皮切塊煮熟。

2. 將切塊的白蘿蔔加入高湯中，可增加湯頭甜味。

3. 過濾湯頭雜質。

4. 將甜不辣、白蘿蔔、油豆腐、豬血糕、水晶餃等食材放入蘿蔔高湯中，待湯再度沸騰後即可食用。

獨家秘方

要製作好吃的醬料，不加清水熬煮，才不容易酸壞。

5. 取適量材料製入碗中。

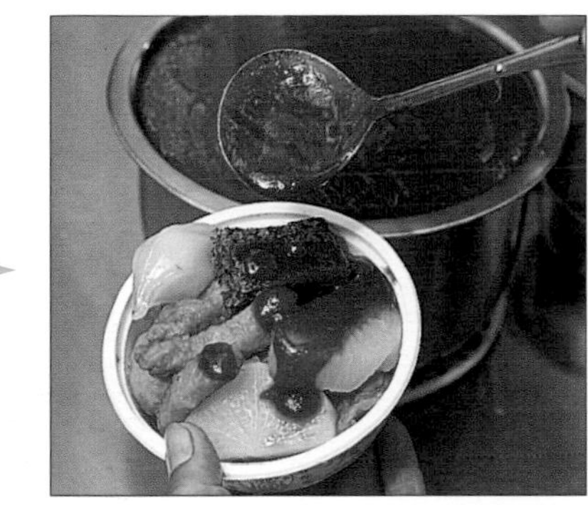

6. 淋上沾醬料。

7. 完成的美味甜不辣成品。

藥燉排骨

冬令進補對於中國人來說，是由來已久的習俗，根據唐朝的文字記載，這應該是從遠古留傳下來的獨特民族經驗，因為早年的農業社會對於身體保健或是治療方面，冬令進補代表著特殊的意義。

近來，許多養身美容的食譜大行其道，不僅是在冬天，現在一年四季都流行食補，滋補的藥膳料理立刻成了焦點話題，這也因此帶動了藥燉排骨的名氣，頓時吸引了不少老饕的目光。

而藥燉排骨更是與薑母鴨、羊肉爐齊名，同樣具有溫陽助火的功效。食用後可促進血液循環，增進身體產溫的功能。

藥燉排骨可以讓全身發熱，促進血液循環，並且還可治療筋骨痠痛、化瘀、四肢痠痛、貧血頭暈等症狀，也適合年紀大的人食用。

在夜市裡，藥燉排骨也是名氣最響亮的小吃，不論冷熱季節，陣陣香味總是能讓人坐下來大啖一碗。尤其是在冷颼颼的寒冬中來上一碗洋溢著中藥香味的溫熱排骨湯，頓時之間似乎將身體中拼命發抖的寒氣都一掃而空；縈繞全身的暖流，彷彿也間接賦予身心充實的力量，果然是將養身美容的療效發揮於無形呢！

我來介紹

「每天可以賣出一千碗的藥燉排骨，就是美味的保證。爽口而不油膩的藥膳湯頭，經過我自己多年研究調配，是獨家的秘方。」

老闆・陳家華先生

因為好吃，所以賺錢

陳董藥燉排骨

地址：台北市八德路4段739號
（饒河街觀光夜市旁）

營業時間：4:00PM～12:00AM

每日營業額：10萬元

製作方式

《《 材料

1. 排骨（豬骨和中骨各2斤）
2. 中藥包（當歸、川芎、黃耆、枸杞各6錢，熟地9錢）
3. 米酒2瓶
4. 鹽巴適量

《《 前製處理

將排骨放入沸騰熱水中川燙立即撈起。

《《 製作步驟

1. 加入適量清水煮滾。

2. 加入事先川燙過後的排骨，並將材料之中藥以布包好成中藥包，兩者於熱水中熬煮約2小時。此外，並加入鹽巴調味，藉以增加排骨甜味。

3. 待2小時排骨滾熟入味之後拿起中藥包，以免藥味過重。

4. 不停攪動鍋內湯底。

獨家秘方

中藥包有著老闆的獨家秘方，因此不油不膩，清爽順口。此外，還可以拿一支蔘鬚、少許當歸片、川芎與枸杞，用米酒泡在玻璃瓶裡約半個月，吃藥燉排骨時淋上一些會更棒。

5. 過濾排骨湯中雜質。

6. 取等份豬骨與中骨倒入碗中。

7. 藥燉排骨成品。

蚵仔麵線

傳統的台灣小吃中，蚵仔麵線算是最普遍，也最具代表性的食物。對於許多台灣土生土長的人來說，很多人都是從小吃到大，不論是點心或者正餐，蚵仔麵線都是不錯的選擇。而美味的麵線，料要夠多夠鮮，湯頭則要用大骨熬的才香，還要有很多很多蚵仔跟大腸，而且蚵仔顆顆飽滿！然後要有香菜，要有蒜茸醬油、醋，還要一點點辣椒米點綴，這樣熱騰騰、香噴噴的麵線，只要花你三十元的零錢，可真是所謂的「便宜又大碗」。

現在市面上的麵線有各種口味，大腸麵線、蚵仔麵線、肝璉麵線等等，麵線是主體，上面的配料就可以因人而異。

而麵線也分成許多不同種類，通常外面賣的蚵仔麵線用的都是紅麵線，而家中比較常見的麵線是有點偏白色，吃起來跟紅麵線不太一樣。這一類的麵線一開始是手工做的。手工麵線源自於大陸福建省，大約在清朝傳到台灣，因此又稱為福州麵線，到台灣之後又發展出另一種做法，所以我們另外稱它為「本地麵線」以示區分。因此，在台灣的麵線為「福州麵線」與「本地麵線」兩類，也分別簡稱「福州仔」與「本地仔」。

隨著工業化過程，為講求時效，利用機器切割生產的機器麵線因為可以大量生產，所以漸漸取代手工拉製的麵線。但是因為機器是用切割製作麵線，並沒有像手工那樣有搓、揉、捏、擠、壓、拉、甩等繁複過程，就是因為有這幾個精心製作的步驟，所以手工麵線的口感吃起來會比機器做的麵線有嚼勁，在價格方面當然也比較不便宜。

我來介紹

「從事賣蚵仔麵線的工作已經有二十一年，我一直堅持傳統口味。香脆有嚼勁的大腸，肥美多汁的新鮮蚵仔，再加上QQ的肉羹，造就出這一碗令人食指大動的超人氣麵線。」

老闆・楊文淵

因為好吃，所以賺錢

中和蚵仔麵線

地址：台北縣中和市宜安路117號

電話：(02) 2944-6451

每日營業額：約4萬元

製作方式

《《 材料

在家中自己煮麵線，裡面的料其實可以依個人喜歡去做適當的調配，像喜歡吃肉羹的人就可以煮成肉羹麵線，或是大腸麵線、蚵仔麵線，任君挑選。高興的話來碗綜合麵線什麼都加一點也很棒！

1. 手工麵線4兩
2. 蚵仔4兩
3. 香菜少許
4. 筍絲適量
5. 木耳絲（或香菇絲）
6. 太白粉適量
7. 味精少許
8. 醬油適量（調色用）
9. 肉羹適量
10. 大腸適量
11. 蒜頭
12. 胡蘿蔔絲
13. 蝦米1斤
14. 柴魚片或炒香的扁魚干適量
15. 鹽少許

《《 前製處理

1.生蚵

(1) 將新鮮的蚵仔一粒粒的清洗乾淨，接著用鹽去除黏液後，最後用水徹底將蚵仔洗乾淨。

(2) 瀝乾水份之後，接著與蕃薯粉均勻攪拌在一起，讓每一顆蚵仔都可以裹上粉。

(3) 接著煮一鍋滾水將裹好粉的蚵仔燙熟，將剛熟的蚵仔撈起泡在冷水或冰水中，約十秒後撈起瀝乾備用。這樣的蚵仔就會鮮嫩多汁，與麵線熬煮的過程中，也不容易變小。

2.麵線

(1) 切成約2吋長。

(2) 用滾水汆燙，再過冷水使其較具Q度，但不沾黏。

3.豬腸

(1) 將豬腸翻轉至內側，以醋加鹽清理腸內的肥油及穢物。
(2) 用調味料（醬油、冰糖、老薑、蔥段）醃製30分鐘以去除大腸腥味，並洗出大腸約五分之四的水分。
(3) 再用熱水烹煮約20分鐘，讓大腸熟透。
(4) 沖冷水後以切成小段備用。

4.肉羹

(1) 市場買魚漿，將其摔打成較有彈性。
(2) 將豬肉隨著肉的紋路細切成絲。
(3) 加蕃薯粉將豬肉絲翻攪均勻。
(4) 將(1)和(3)充分混合攪拌。
(5) 將裹上魚漿的豬肉條一條一條放入煮沸的水中，直到肉羹浮起，即可撈起放涼備用。

《《 製作步驟

1. 先將蝦米爆香，加入煮肉羹的湯或其他高湯作湯底，將湯煮滾，一邊攪拌一邊加入太白粉水，成濃梮狀即可。再加入麵線及少許的鹽，因為麵線本身帶有鹹味，不需加太多。

2. 加入油蔥酥，攪拌均勻。

3. 再倒入醬油上色，並加入適量的味精調味。（不加味精也可以）

4. 將大骨、蔥、薑、米酒、丟入鍋中熬煮，水滾轉小火熬30分鐘，撈掉固體物後，即為高湯。接著將煮熟的蚵仔放入高湯中。

獨家秘方

麵線中的大腸除了水煮以外，也可以用滷大腸代替。將大腸洗淨後，用加了蔥、薑的滾水燙過去除腥味。接著起油鍋將蔥、薑、蒜、花椒粒、八角爆香後，加入適量的醬油、糖、胡椒粉、肉桂粉、鹽、水熬煮至爛。或者外面商店買滷包直接滷也可以，起鍋時可以灑上香油就行了。

5. 接著加入已經煮好的肉羹，一同熬煮。

6. 等高湯滾了之後，加入先前煮好的麵線羹，均勻攪拌。

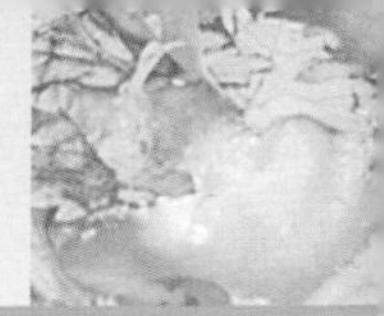

7. 最後依個人口味，加入煮好的大腸，以及醋、香菜、辣椒等調味料，就是一碗料多味美的蚵仔麵線了。

雙胞胎、甜甜圈與芝麻球

油炸的甜點中，百分之十五至二十的重量是油炸過程中所吸收之油炸油，不少愛美怕胖的人，因為擔心「吃甚麼便成為甚麼」，因而敬而遠之，但它的美味誘人，還是令大部分的人很難抗拒這樣的誘惑。像是雙胞胎、甜甜圈和芝麻球這三項甜點，就是其中的代表。

以芝麻球為例，它之所以受歡迎，是因為上面的芝麻炸出來香味四溢，吃起來滿口芝麻香，讓人忍不住一口接一口。其實黑、白芝麻的營養成分其實差不多，都含有豐富蛋白質、不飽和脂肪酸、醣類、膳食纖維及維生素，每十公克熱量約六十大卡，不過黑芝麻的膳食纖維及礦物質（特別是鈣、鐵），略勝白芝麻一籌，因此黑芝麻的養生效果會較好一些。

因為芝麻的滋補效果不錯，因此對於腦神經系統、視神經系統、腸胃、皮膚等都有好處，可增進智力、視力，改善便秘及皮膚乾癢等中老年人常見毛病。不過，也正因為芝麻的滋陰效果很強，小朋友不建議吃太多，以免太過滋補造成，容易口乾舌燥。此外，容易腹瀉的人，也不宜吃太多，以免腸胃蠕動太快而容易拉肚子。

我來介紹

「香甜不膩口的甜甜圈，酥脆不油膩的雙胞胎，充滿香氣的芝麻球，都是我這路邊攤最受歡迎的甜點。夏天時的味道是鬆軟入口即化，但不會油膩，而在冬天時的味道則感覺酥脆，而不會生硬難以咬嚼。每一天總會吸引許多愛吃甜食的女性與小孩前來光顧。」

老闆・林先生

因為好吃，所以賺錢

地址：台北市復興北路164號
（遼寧街185巷子口）

電話：無

每日營業額：約6千7百元

製作方式

《《 材料

喜歡吃甜點的人，又怕路邊攤的油不乾淨的話，為了健康起見，不妨在家動手做，既衛生又美味。

1. 低筋麵粉半斤
2. 中筋麵粉半斤
3. 高筋麵粉半斤
4. 紅豆沙半斤
5. 糯米粉半斤
6. 沙拉油適量
7. 白砂糖適量
8. 乾酵母粉2大匙
9. 澄粉60g（又稱小麥澱粉，在各食品材料行都可以買到，常用於製作點心上）
10. 紅豆餡適量
11. 二級砂糖適量
12. 細白砂糖適量

《《 前製處理

1.雙胞胎

(1) 將低筋麵粉、中筋麵粉、高筋麵粉各半斤混合。

(2) 倒入已調成水融化的水溶化的酵母水（所謂的酵母水是用一湯匙的乾酵母粉加上約六兩的水調製而成）。

(3) 將麵粉揉成麵糰，揉約10分鐘，麵糰表面成光滑狀。

(4) 以棉布蓋住麵糰醒麵約30分鐘。

(5) 將醒好的麵糰分成兩大塊，壓平成厚度約1公分的麵皮。

(6) 在一塊麵皮灑上適量的二級黃砂糖，再鋪上另一塊大麵皮，呈三層厚約2.5公分的大麵皮。

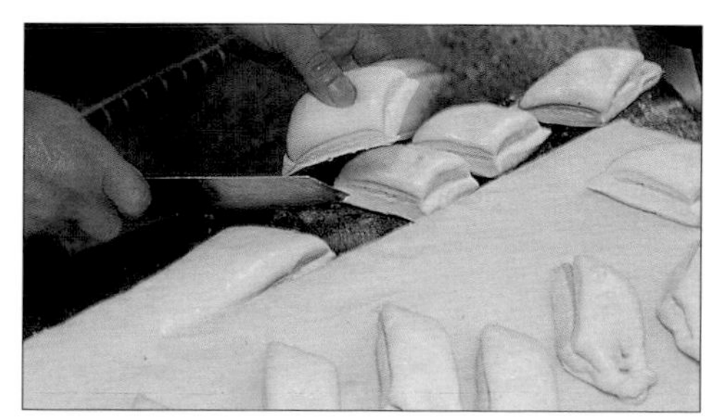

(7) 將大麵皮略為壓平黏緊，以斜刀分切成小塊。

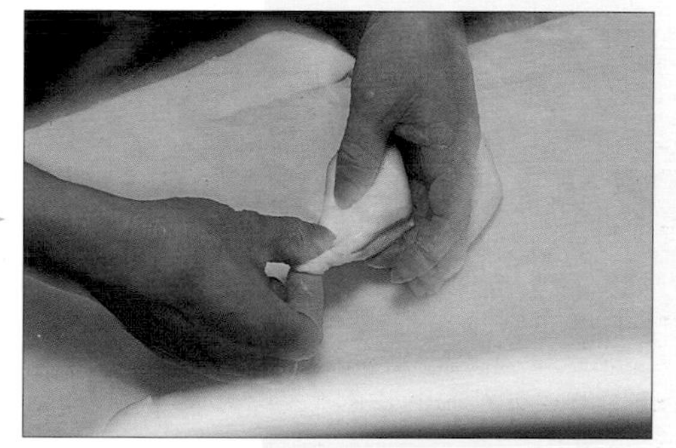

(8) 切下的小麵皮兩端呈三角尖狀，任選一邊斜角處微捏後，繞一圈，再壓回原捏處，避免雙胞胎炸時會一分為二。

(9) 將捲好的生麵雙胞胎靜置稍微發酵備用。

2.甜甜圈

(1) 準備5兩的溫水，調入1大匙的乾酵母粉，攪拌使其溶於水中。

(2) 將酵母粉水倒入半斤已過篩的中筋麵粉中，加入1個雞蛋及1小匙發粉、45公克糖、1/2小匙的鹽，充分揉勻約10分鐘左右，使麵筋延展。

(3) 揉至麵糰表面呈光滑時，靜置待發酵約1小時。

(4) 將麵糰取出，灑些乾麵粉於麵糰及桿麵棍上，壓桿成約0.8公分厚度的麵皮。

(5) 用空心印模押出甜甜圈的形狀。

(6) 將已壓模的甜甜圈排盤，靜置溫暖處，最後發酵約30分鐘左右。

3.芝麻球

(1) 糯米粉約300g、澄粉60g、細糖120g混合一起。

(2) 沖入沸水360g後迅速拌勻，拌勻成糰之後，取出用水搓揉均勻。

(3) 花生油30g於搓揉時，慢慢加入至均勻光滑。

(4) 將揉好的麵團分割成1個約30g

(5) 將分好的小麵團包入紅豆粒餡(1個約10g)搓圓。

(6) 外表沾濕後沾上白芝麻。

《《 製作步驟

1. 雙胞胎

(1) 以溫度為150℃～160℃的油鍋來泡炸雙胞胎至表面膨脹且呈金黃色。

(2) 炸好要撈起前，改大火逼油後即可撈起瀝油。

(3) 脆又有嚼勁的雙胞胎成品。

2. 甜甜圈

(1) 以油溫160℃～180℃左右的熱油泡炸甜甜圈至金黃色，改大火逼油即可撈起瀝油。

(2) 要吃時，沾上細砂糖即可食用。

(3) 香甜不膩口的甜甜圈。

獨家秘方

油炸任何食物火候最爲重要，千萬不可大火，否則會只將表皮炸黃而內餡還是生的。油鍋中的食物顏色看起來會比實際撈起後的顏色略淺，因爲撈起後的餘溫會繼續加熱，所以在判斷油炸食物表面是否會呈金黃色時，要在比平常印象中的顏色略淺些時，就必須撈起油炸物，避免時間過久而焦黑。另外，炸芝麻球取決於邊壓邊膨脹的技巧，若要避免球體容易在壓時炸破，可在糯米麵皮中加入些地瓜泥和勻，可增加韌度。

3.芝麻球

(1) 利用150℃至160℃的油溫泡炸芝麻油。

(2) 因為生的芝麻球會沈在鍋底，所以要一直翻動，避免沾鍋。

(3) 待芝麻球顏色開始漸成黃色時，以鏟子輕壓3至4次，直至球體不停膨脹約2至3倍大，並呈金黃色。

(4) 等快熟的芝麻球一一浮上油面時，即可改大火逼油即可撈起瀝油食用。

(5) QQ又帶有香氣的芝麻球完成了。

蘿蔔絲餅

蘿蔔絲餅的外型有厚有薄，可以做得小巧玲瓏一口一個，也可以做成如東北大餅一般，端看個人喜好。對於中國人來說，講究一點的蘿蔔絲餅應呈金黃色半透明狀，這樣才表示麵皮煎得很酥透；而且麵皮是一層一層的酥皮，酥層是越多越棒，一層緊接著一層，咬一口酥皮盡落，味香鮮美，吃上去酥鬆而不黏牙，真是人間極品。

蘿蔔絲餅較常見的是橢圓形及圓形，現在更有人匠心獨具的做成長方形，或是三角形。在圓山飯店中的餐廳——「圓苑」，更是把它做成方形，別具巧思。不論它的造型如何，其傳統美味是不容忽視，蘿蔔的鮮加上外皮的酥，確實誘人。蘿蔔絲餅雖是常見於各式各樣小吃店的平民美食，現在卻也常露面於大小宴席，甚至國宴上也曾有它的身影，前美國總統克林頓一家人到上海後還特地提到了蘿蔔絲餅呢！可見此江浙名點，已經慢慢擄獲中外老饕的心。

根據研究，蘿蔔所含的鈣、鐵、膽鹼及甲硫醇物質，具有降低血脂、穩定血壓、軟化血管和防止心血管疾病。另外，蘿蔔的維他命C含量其實相當高，是蘋果及梨的十多倍左右，所以，多食尤其有美容效果，古代對蘿蔔的評價也很高，蘿蔔因而有「小人參」之稱。在民間，還流行著「冬吃蘿蔔夏吃薑，不勞醫生開藥方」的俗諺。

我來介紹

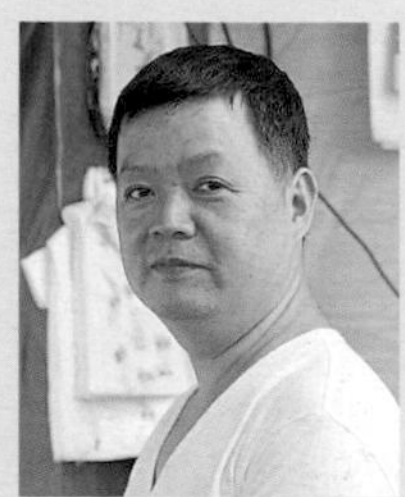

「我的蘿蔔絲餅製作方式並沒有什麼太神秘的訣竅，只因所使用的白蘿蔔都是最上等的新鮮貨，再加上自己研發麵皮有成，所以吃起來的口感不油不膩。」

老闆・林先生

因為好吃，所以賺錢

溫州街蘿蔔絲餅

地址：台北市和平東路與溫州街口

電話：（02）23695649

每日營業額：約1萬6千元

製作方式

《《 材料

一斤的麵粉大約可做十個蘿蔔絲餅，在包餡的時候，記得不要因為貪心而塞太多料，以免破皮。而最後的收口動作也要紮實，避免餡露。

1.中筋麵粉1斤
2.白蘿蔔2斤
3.蔥花2支
4.豬油少許
5.沙拉油適量
6.鹽1茶匙
7.糖1茶匙
8.味精1/2茶匙

《《 前製處理

1.麵糰

(1) 將中筋麵粉先加入50℃左右適量的熱水（溫度視氣溫而定，天氣愈熱溫度愈低），搓揉10分鐘左右。

(2) 再加入適量冷開水，均勻揉成光滑的冷燙麵糰。

2.蘿蔔絲

(1) 將白蘿蔔洗淨刨絲。

(2) 加入適量的鹽（不可太鹹），將白蘿蔔絲搓揉至出水。

(3) 瀝出過多的水分，加入適量的鹽、糖及味精調味。

(4) 拌入少許蔥花及熱豬油即成餡料。

《《 製作步驟

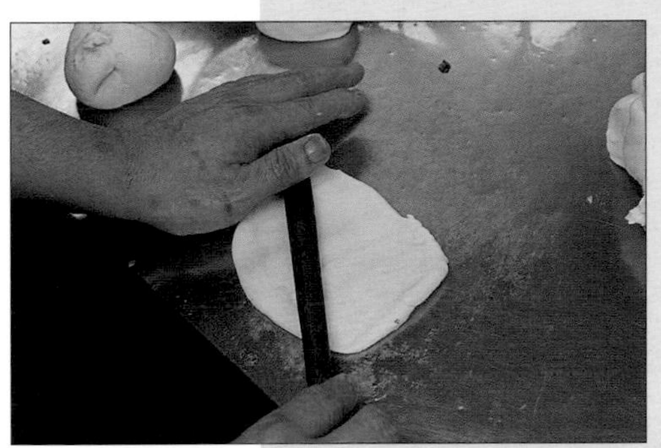

1. 冷燙麵糰捏成一小糰一小糰（不時抹上沙拉油避免沾黏），壓平桿薄。

2. 在麵皮上加入適量已經調味過的蘿蔔絲。

3. 將麵皮以螺旋狀收口。

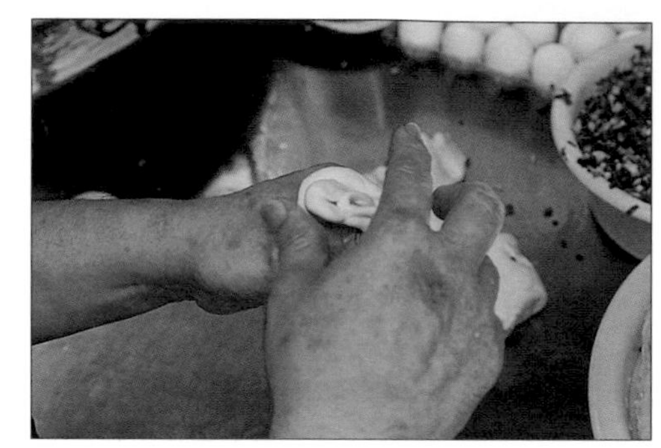

4. 捏去多餘的麵皮。

獨家秘方

白蘿蔔最好挑選高山蘿蔔，其水分較多，蘿蔔脆又甜，無辛辣味，而且可刨出較多的絲。拌蘿蔔絲餡所加入的熱豬油，目的是將白蘿蔔及蔥花的生味去除，使香味四溢，蘿蔔絲入口不澀、不腥。另外，使用冷燙麵所煎起的餅會皮較酥鬆爽口。

5. 已經包好的蘿蔔絲餅。下鍋前可以沾些白芝麻在表面以增加香氣。

6. 將已經包好的蘿蔔絲餅糰略為壓成扁圓形準備下鍋煎。

7. 將已經壓扁的蘿蔔絲餅下鍋用慢火去煎。

8. 不停翻面約5分鐘，麵粉煎熟後手感會覺得比較輕。

9. 煎至兩面成金黃酥脆狀，且餅變輕了即可起鍋瀝油。

東山鴨頭

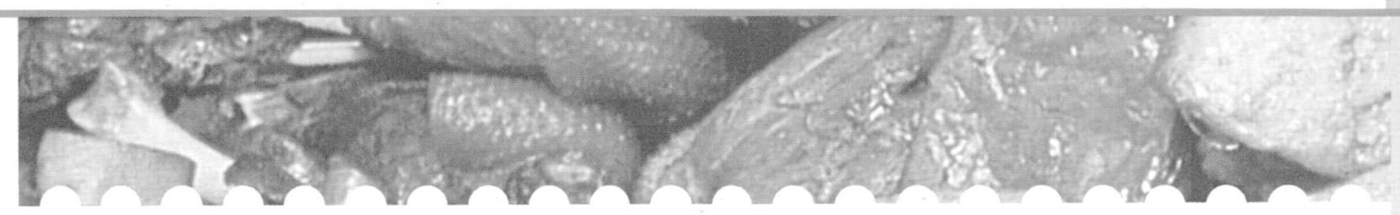

說到東山鴨頭，大家一定覺得不陌生，不知道從什麼時候開始，這道路邊攤的小點心，已經遍佈了全省各地，而不再只是台南東山的專利了。每家招牌雖然都寫上東山鴨頭，但是能讓人百吃不厭的實在是很少。

東山指的是台南的東山鄉，最早一開始，這種帶甘甜的滷鴨方式，是新營的老師傅發明的；後來傳到台南的東山鄉，經過各家不同的改良，才由此廣傳開來變成全省知名的小吃。其實很容易就能分辨出和傳統滷味其中不同之處，因為多了一道炸的過程，比起只有滷過的傳統滷味當然就多了一番不可言喻的好滋味。

第一次吃東山鴨頭的人，必定會感覺到非常特別的口感。它比一般的滷味，多帶了點甘甜；它的肉質又非常有嚼勁，有些還能做到連骨頭都滲入滷汁，甚至夠酥脆，連骨頭都可以一起吃進去。

東山鴨頭的處理過程其實非常的複雜，除了材料的品質要好之外，處理的人心更是要特別細膩，因為鴨子身上的細毛要是沒清乾淨，很容易影響口感。而在滷煮的過程，只要一個不小心，不管是材料放的比例不對或是火候沒注意好，都可能會前功盡棄。

其實多嚐過幾家東山鴨頭，你會發現各地的東山鴨頭口味都不太一樣，那裡面的差別在每家所加的中藥材都不相同，配料也不盡不同，火候時間掌控也不同，都是靠經驗的累積而來，連最後的調味料和提味的方式也不同，因此才會有如此大的差別。

成功的東山鴨頭就是要把滷汁藥材裡的香氣表現的淋漓盡緻，其熬滷出來的鴨頭不只要入味，更要能做到香味入骨，最好是連啃骨頭都會感到滿足，這才是真正讓人能回味的好滋味。

我來介紹

「豆干、米血、大腸、鴨頭、翅膀等都是人氣商品，大腸與豆干尤其受歡迎。鴨頭平均一天可賣出四十隻，假日差不多七十隻左右，有時天氣涼爽，出來逛街的人多，當天的營業額就變得很好，因爲鄰近世新大學，也有熱心的同學，在網站上大力推崇我的鴨頭美味，這些都是努力經營後，來自顧客的回饋，同時也是最好的廣告效果。」

老闆・廖美女

因為好吃，所以賺錢

鴨霸王東山鴨頭

地址：景美夜市景文街景美街交叉路口

電話：(02)29303509

0933893933

每日營業額：約2萬6千元

製作方式

《《 材料

一般的食材都可以在台北的環南市場購買，由於採大型批發制，因此每個攤位所販賣的價錢其實不相上下，同時還有專人可以送貨到府，十分方便；而調味用的胡椒粉和辣椒粉，在迪化街就可以買到一大包，比較便宜，而「鴨霸王東山鴨頭」的老闆——廖太太所精選的調味粉，完全是由印尼進口的純質粉末，其實在台灣的各大中藥行也調配的到，不過在品質上得要慎選。

1.滷料
2.鴨頭
3.鴨脖子
4.鴨舌頭
5.豬血糕
6.鴨翅膀
7.滷蛋
8.大腸
9.豆干
10.海帶
11.甜不辣

調味料

1. 滷汁：4兩糖加8斤水、味精1大匙、醬油3又1/2杯、八角一袋、中藥粉。
2. 中藥粉秘方：陳皮、小茴、丁香、乾松、白豆蔻、三柰、草果、花椒、白芷、桂皮、胡椒、枳殼。
3. 炸料：白胡椒粉適量、辣椒粉適量。
4. 沙拉油適量

《《 前製處理

(1) 將冷凍過的鴨頭、鴨脖子解凍用熱水燙過脫毛。

(2) 瀝乾水分備用。

獨家秘方

(1) 滷汁是東山鴨頭的命脈，因此滷汁調味料的比例決定整鍋的口味，專家祖傳獨家的黃金比例爲：糖：水：醬油 ＝ 1：32：1；而八角和中藥粉的比例爲15：1。

(2) 已處理過的鴨頭若不立刻滷製，最好先放進冷凍庫冷凍，可免去腥味並能保鮮。

(3) 滷製東山鴨頭的火候及時間是食材能否入味的重要關鍵，鴨頭、鴨脖子滷1個半小時；大腸、鴨舌頭約滷1小時；豆干滷50分鐘；鴨血、甜不辣滷30分鐘左右；海帶滷2到3分鐘，而最費工的滷蛋則分3次下鍋，每次滷1個小時。

《《 製作步驟

1. 準備盛有糖、鹽、醬油、味精、八角、中藥粉的滷汁，將滷包下鍋增加香味。

2. 將鴨頭、鴨脖子毛拔乾淨後，放入特製的滷汁中滷上1個半小時，如此一來，連鴨嘴都能入味。

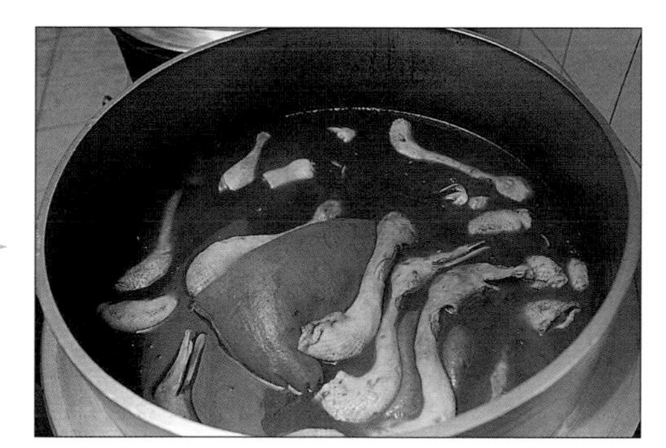

3. 依序再將大腸、鴨舌頭、豆干、甜不辣、鴨血、滷蛋、海帶…等滷味先後入鍋滷製。

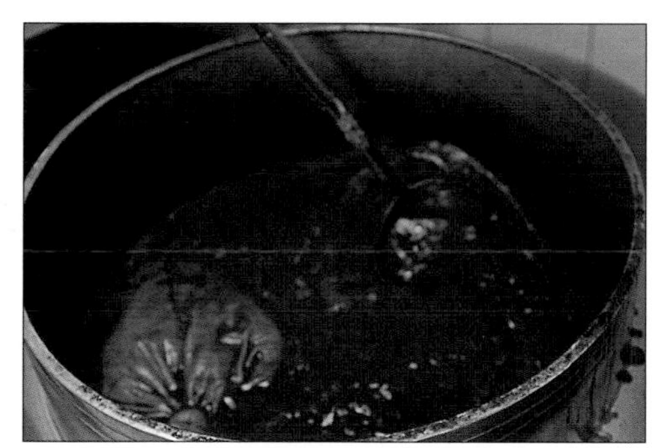

4. 海帶怕爛，滷的時間最短，滾個2分鐘就要撈起打結。蛋則要滷3次，每次滷1個小時才能入味。

5. 已經滷製完成入味的鴨頭以及其他滷味。

6. 將滷好的滷味放進油溫約160℃～180℃的油鍋中炸，當滷味表面呈酥香狀時，即可撈起瀝油。將炸好的食材分別切塊，灑上胡椒粉、辣椒粉即完成好吃的東山鴨頭。

鬆餅

鬆餅分兩種，一種圓圓薄薄像盤子的是pancake；而厚實格子狀的是雞蛋餅waffle。在這裡，我們介紹的是waffle的作法。

通常waffle會比pancake大一點，而且上面是一格一格的，不過因應現代人健康需求，也有迷你size的waffle。在歐洲，一般人說的圓薄鬆餅pancake， 統稱為荷蘭鬆餅，口味甜鹹的都有。

waffle的味道跟pancake味道差不多，吃的方式會比較單純，像是灑上薄薄一層糖霜、淋上糖漿或抹上蜂蜜、鮮奶油。可以切成一小塊一小塊吃，也可以隨性大口咬，是簡單又實惠的早餐之一。而相較之下，pancake就比較多樣了，除上述的方法之外，也可以選擇放些鮮奶油、塗上各種口味的果醬，甚至可以舖上新鮮水果，不只賣相佳，吃起來也有健康概念，這些都是美味的選擇。另外也可與冰淇淋搭配著吃，那種又滑又脆、一冷一熱的搭配方式，博得了許多人的喜愛。

現在電器行都有販賣簡單的鬆餅機，而一般的商店也有鬆餅粉，基本上來說，鬆餅是一項相當大衆化而且製作簡單的小點心。只要以麵粉、鬆餅粉、雞蛋等原料和水調和之後，放置在鬆餅機當中，不用多久便能品嚐到熱騰騰的鬆餅了。

此外，除了鬆餅機之外，也可以利用不沾鍋的平底鍋，將麵漿加熱至發泡後翻面再煎一下，便能完成美味可口的鬆餅。

我來介紹

「我們不但自己設計鬆餅機，還研發甜的鹹的十幾種不同的口味，有客人説我們的鬆餅比希爾頓飯店的還要好吃呢！」

老闆娘·李慶鐘小姐

因為好吃，所以賺錢
印地安美式鬆餅

地址：北市汀州路二段177號
電話：(02)2365-8447
每日營業額：約1萬至1萬3千元

製作方式

《《 材料

以下材料為一份鮪魚鬆餅所需份量，鮪魚鬆餅的原料則可以使用現成的罐頭。

1.低筋麵粉100公克
2.泡打粉5克
3.鮪魚醬50公克
4.沙拉醬10公克
5.蔬菜適量

《《 前製處理

麵漿

(1) 將低筋麵粉1杯、泡打粉1小匙、鹽四分之一小匙、細砂糖二分之一大匙過篩二次。

(2) 將蛋黃兩2個打成發泡淡黃色後，加入四大匙已融化的奶油及四分的三杯牛奶一起打勻。

(3) 將(2)倒入(1)內，輕輕拌勻。注意，勿攪拌過度，否則會生出麵筋。

(4) 將兩個蛋白打至蛋白糊倒立時會略微彎曲，但不會流下來。

(5) 輕輕拌入(3)，但同樣勿攪拌過度。這時麵漿就完成了。

《《 製作步驟

1. 把適量的麵漿倒入鬆餅機內。

2. 大約三分鐘之後，鬆餅烤熟。

獨家秘方

除了以特殊的麵漿奠定美味的基礎之外，老闆娘還透露另一個小秘方在於鬆餅出爐之後，還要拿著夾子用力甩個幾下，這是因爲鬆餅出爐時有多餘的水氣，如果不處理掉，放在包裝紙之後容易潮濕，鬆餅也就不好吃了！

3. 在鬆餅上塗抹適量的美乃滋與蕃茄醬。

4. 將鮪魚醬均衡的舖在鬆餅上面。

5. 加入蔬菜，並且將鬆餅對摺，切成適合食用的大小。

6. 完成好吃的鬆餅，建議搭配飲料一起食用。

木瓜牛奶

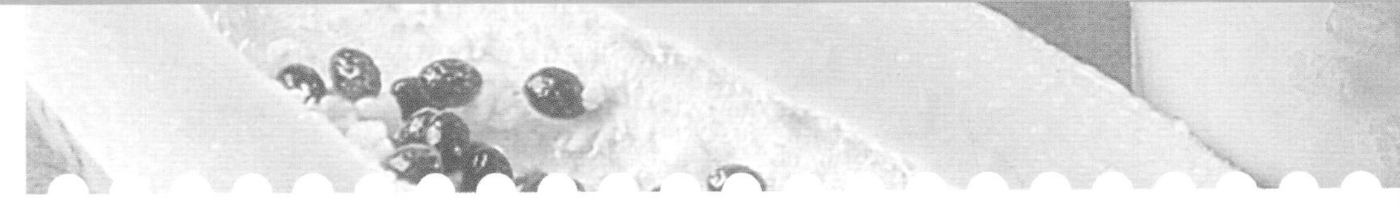

據說500c.c.的木瓜牛奶是從台中發展出來的，但這項風味獨具的天然飲品，早在台灣各地都可以品嚐得到，而且也具有自己的特色。

木瓜是台灣重要的水果之一，它的果實可生吃，也可熟食，果實肉質甜美、營養價值高。木瓜富含多種維他命、蛋白質、脂肪、醣類、礦物質、維生素與胡蘿蔔素。此外，因為木瓜性溫和，寒而不燥，可以行氣活血，使身體更易吸收充足的營養，進而讓皮膚變得柔細滑嫩，因此木瓜也是潤膚的利器。

像是生木瓜去子後，以開水沖泡，據說飲用後可治療高血壓；而生木瓜燉排骨更可治胃病，功效良好。此外，由於木瓜含木瓜酵素，入胃會被分解成蛋白質酵素，可加強消化作用，也能避免胃部疾病。多吃木瓜，可幫助身體消化蛋白質。

很多人說牛奶可以美白，而木瓜牛奶可以豐胸，其實都是有根據的。因為蔬果與奶類製品都具營養價值，而且對身體有一定的功效。像是木瓜含有豐富的維他命A，鮮奶具有鈣質，都是人體所需的營養份。奶類製品已含身體內所需的養份，若再混合木瓜作飲品，更具有豐富的維他命C、維生素，有助消化及催奶作用，可令胸部有輕微提升的現象。而牛奶內含豐富的蛋白質及鈣質，除預防骨質疏鬆症之外，亦有助於細胞生長。所以對於女性而言，木瓜牛奶是有助於胸部發育、使膚色變白，又能養顏美容的聖品。

而打好的木瓜牛奶最好馬上喝(夏天約20分鐘，冬天約半小時)，否則會凝結，風味也會大打折扣。未用完的木瓜切塊則可以用保鮮盒盛裝放入冰箱，下次繼續打來喝。

至於喜歡吃麻辣鍋的人，在此也告訴你們一個秘方，就是在吃麻辣鍋之前與之後喝木瓜牛奶，可以減低胃部的灼熱感，還能解決排便困難的問題喔！

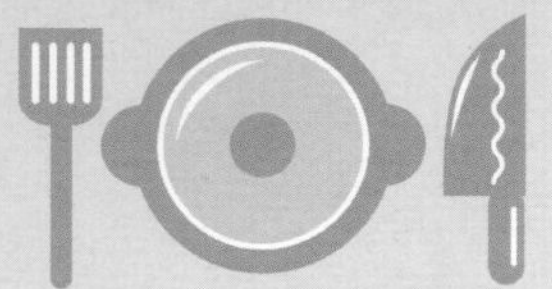

我來介紹

「台一牛奶大王已經有四十五年歷史了，我們用的都是眞材實料。連學生時代的阿扁總統也是這裡的常客喔！」

老闆・古先生

因為好吃，所以賺錢

台一牛奶大王

地址：台北市新生南路3段82號
電話：(02)2362-3172
每日營業額：約2萬元

製作方式

《《 材料

以木瓜牛奶為例，通常一杯500cc的木瓜牛奶，約放半顆木瓜的份量(220至250克)，與牛奶的比例是一比一，冰及糖水則是適量加入，試過口感後再酌量添加。

以下材料份量為1人份。

1.木瓜約半顆
2.鮮奶220至250cc
3.糖水酌量

《《 前製處理

將木瓜削皮去子洗淨，份量約半顆左右，切塊放入果汁機內。

《《 製作步驟

1. 加入一匙的糖水。

2. 加入一大匙刨好的清冰，也可以清水替代。

獨家秘方

每個水果的甜度及含水量都不同，要避免味道太甜或太淡，可以在果汁打完後，先試嚐一口，再決定糖水及冰的調配比例。

3. 加入約220至250cc的鮮奶。

4. 啓動果汁機開始攪拌，不需蓋上蓋子，以方便斟酌調配口感。也可添加少許碎冰，增加清涼口感。至攪拌均勻後，即可關上機器。

5. 將完成的木瓜牛奶倒入杯中。

6. 完成後的木瓜牛奶成品。

泡泡冰

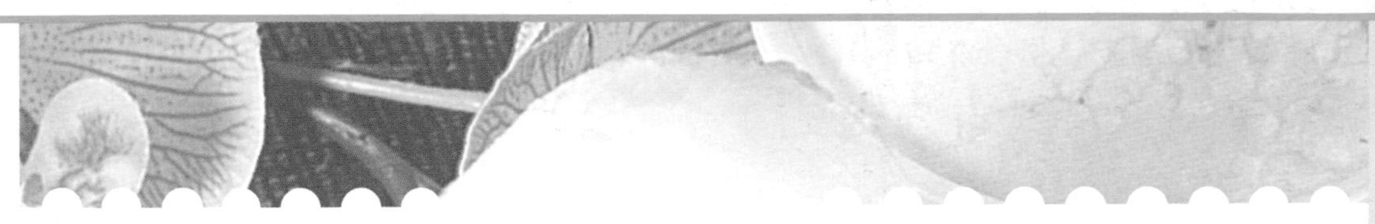

基隆夜市的廟口小吃遠近馳名，尤其是最有名的泡泡冰，不論季節冷熱，都是大排長龍的熱鬧景象。

泡泡冰是刨冰的一種，其質地較軟而綿，入口即化，感覺很特別。這種泡泡冰並非是像平常將糖水直接淋在冰上的刨冰，而是會以人工攪拌的方式，把刨冰跟糖漿混在一起，直至兩者完全混在一起。

泡泡冰從一開始熬煮材料到碎冰、攪拌，主要的過程都是以純手工來製作。而需要用到的器具主要就是刨冰機、用來攪拌的鐵湯匙以及特製的大碗公。

製作泡泡冰時所使用的清冰一定要夠細夠脆才行，而冰的厚薄問題主要就是出在刨冰機的冰刀上，要選擇夠鋒利的剃刀，才能將冰塊刨得夠細。製作泡泡冰所使用的大碗公，在碗的內面一定要維持粗糙不能上釉，因為粗糙的碗面在攪拌時會產生摩擦力讓碎冰與醬料容易融合。而碗口也要大，才方便攪拌。

我來介紹

「泡泡冰的口味繁多，從花生、花豆、芋頭、巧克力、雞蛋牛奶、鳳梨、草莓等共十多種。像是花生、花生花豆、情人果等都是相當受到歡迎的人氣品項。」

老闆娘・沈太太

因為好吃，所以賺錢

沈記泡泡冰

地址：基隆市廟口37號攤

電話：（02）2422-6857

每日營業額：約3萬多元

《《 材料

雞蛋牛奶口味的泡泡冰，主要是新鮮蛋黃以及煉乳作為佐料，加入碎冰，在大碗公內攪打製成。而草莓口味，則是以新鮮草莓醬加上煉乳及碎冰，攪打製成。

1.雞蛋1顆
2.草莓醬料1大匙
3.煉乳1大匙
4.清冰1大碗

《《 前製處理

部分佐料的製作，需要先行調製。本次介紹的是雞蛋牛奶與草莓兩種口味，但如果以「沈記泡泡冰」店內的招牌口味花豆為例，挑選方式是要選擇有年份而且大顆的花豆，由於不容易煮爛，因此通常都要經過十二小時的浸泡，再悶煮一整天的時間，如此煮出來的花豆才會鬆軟。

《《 製作步驟

雞蛋牛奶口味泡泡冰：

1. 倒入約一大匙的濃縮鮮奶於大碗公內。

2. 準備一顆生雞蛋，取蛋黃備用。

3. 再將蛋黃放進大碗公內。

4. 刨入適量的清冰於大碗公內，泡泡冰所使用的清冰一定要極細。

5. 以鐵湯匙將大碗公內的細冰、鮮奶、蛋黃均勻攪拌，用力快速攪打，因為在快速攪打中，刨冰的空氣量極少，所以口感特別綿密香甜。此外，力道也需掌握好，且要一直攪拌到冰具有Q度，而原料和刨冰的顏色也要充分混合為止。

6. 將攪打完成的泡泡冰裝進容器內。

7. 製作完成後的雞蛋牛奶泡泡冰成品。

草莓口味的泡泡冰：

1. 加入一匙左右的草莓醬料於大碗公中。

2. 加入一匙左右的濃縮鮮奶。

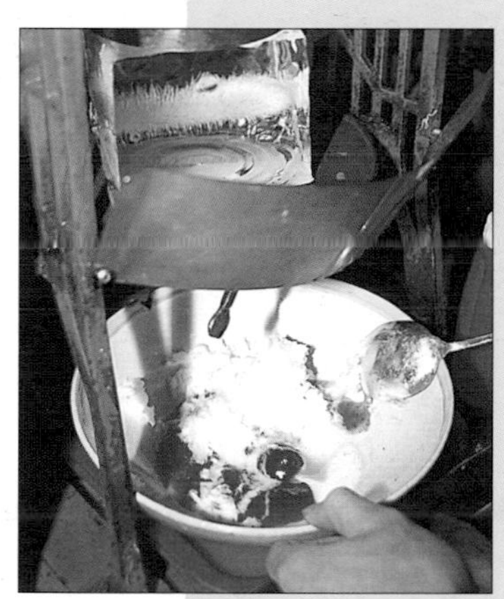

3. 刨適量的清冰於大碗公內。

獨家秘方

泡泡冰所使用的冰厚度一定要夠細。此外，攪打泡泡冰的技巧也是一大重點，不過需要經驗累積喔！由於泡泡冰都是以純手工攪拌而成，一般人在家中利用機器製作，比較難做到相同的口感。一般市面上有販售小型的雪泥機，不過製作出的口感較稀，可能不若手工泡泡冰來得綿密。

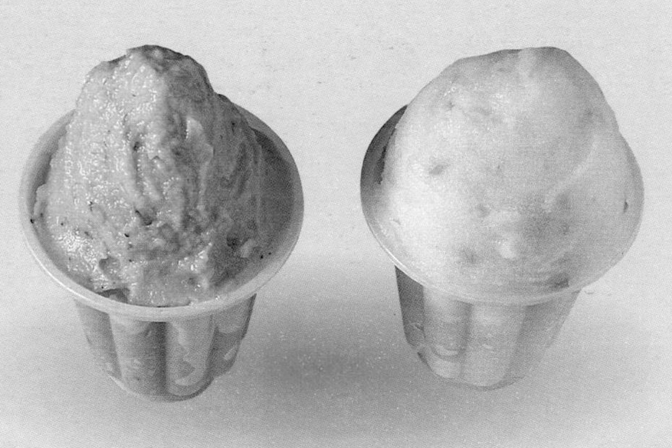

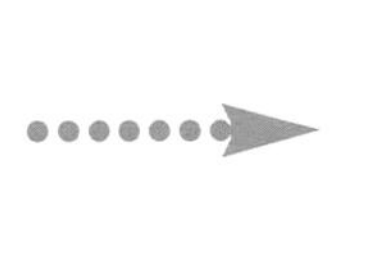

4. 用鐵湯匙將碗公內所有的佐料攪拌在一起。

5. 開始攪打，要攪拌到冰具Q度時才算大公告成。

6. 將完成後的草莓泡泡冰裝至容器內即可。

國家圖書館出版品預行編目資料

路邊攤美食DIY / 大都會文化編輯部作
-- -- 初版 -- --
臺北市：大都會文化，2002〔民91〕
面；公分. -- -- （DIY系列；1）
ISBN 957-28042-0-0（平裝）
1.食譜
427.1　　91015909

路邊攤美食DIY

作　　者　大都會文化編輯部
發 行 人　林敬彬
主　　編　郭香君
助理編輯　蔡佳淇
美術編輯　像素設計　劉濬安
封面設計　像素設計　劉濬安
出　　版　大都會文化 行政院新聞北市業字第89號
發　　行　大都會文化事業有限公司
110台北市基隆路一段432號4樓之9
讀者服務專線：（02）27235216
讀者服務傳真：（02）27235220
電子郵件信箱：metro@ms21.hinet.net
郵政劃撥　14050529　大都會文化事業有限公司
出版日期　2002年9月初版第一刷
定　　價　220元
I S B N　957-28042-0-0
書　　號　DIY-001

Printed in Taiwan

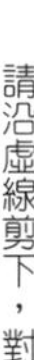

請沿虛線剪下，對折裝訂後寄回

大都會文化事業有限公司
讀者服務部收

110 台北市基隆路一段432號4樓之9

寄回這張服務卡（免貼郵票）
您可以：
◎不定期收到最新出版訊息
◎參加各項回饋優惠活動

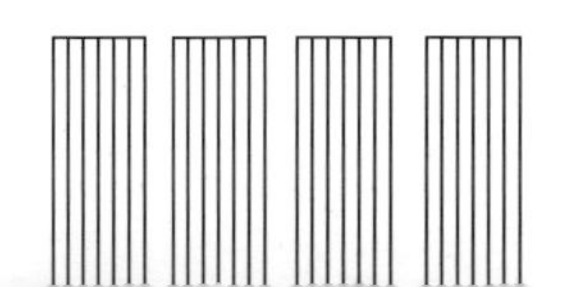

大都會文化 讀者服務卡

書號：DIY-001 路邊攤美食DIY

謝謝您選擇了這本書！期待您的支持與建議，讓我們能有更多聯繫與互動的機會。日後您將可不定期收到本公司的新書資訊及特惠活動訊息，若直接向本公司訂購書籍（含新書）將可享八折優惠。

A. 您在何時購得本書：______年______月______日

B. 您在何處購得本書：____________書店，位於____________(市、縣)

C. 您購買本書的動機：（可複選）1.□對主題或內容感興趣 2.□工作需要 3.□生活需要 4.□自我進修 5.□內容為流行熱門話題 6.□其他________________________

D. 您最喜歡本書的：（可複選）1.□內容題材 2.□字體大小 3.□翻譯文筆 4.□封面 5.□編排方式 6.□其它____________

E. 您認為本書的封面：1.□非常出色 2.□普通 3.□毫不起眼 4.□其他________________

F. 您認為本書的編排：1.□非常出色 2.□普通 3.□毫不起眼 4.□其他________________

G. 您有買過本出版社所發行的「路邊攤賺大錢」一系列的書嗎？1.□有 2.□無（答無者請跳答J）

H.「路邊攤賺大錢」與「路邊攤美食DIY」這兩本書，整體而言，您比較喜歡哪一本書？1.□ 路邊攤賺大錢 2.□ 路邊攤美食DIY

I. 請簡述上一題答案的原因：____

____

J. 您希望我們出版哪類書籍：（可複選）1.□旅遊 2.□流行文化 3.□生活休閒 4.□美容保養 5.□散文小品 6.□科學新知 7.□藝術音樂 8.□致富理財 9.□工商企管 10.□科幻推理 11.□史哲類 12.□勵志傳記 13.□電影小說 14.□語言學習（___ 語）15.□幽默諧趣 16.□其他________________________

K. 您對本書(系)的建議：____

____

L. 您對本出版社的建議：____

____

讀者小檔案

姓名：____________________ 性別：□男 □女 生日：______年______月______日

年齡：□20歲以下 □21～30歲 □31～50歲 □51歲以上

職業：1.□學生 2.□軍公教 3.□大眾傳播 4.□ 服務業 5.□金融業 6.□製造業 7.□資訊業 8.□自由業 9.□家管 10.□退休 11.□其他 ________________________

學歷：□ 國小或以下 □ 國中 □ 高中／高職 □ 大學／大專 □ 研究所以上

通訊地址：____

電話：（H）____________________（O）____________________ 傳真：____________________

行動電話：____________________ E-Mail：________________________

大都會文化事業圖書目錄

直接向本公司訂購任一書籍，一律八折優待（特價品不再打折）

度小月系列

路邊攤賺大錢【搶錢篇】.....................定價280元
路邊攤賺大錢2【奇蹟篇】...................定價280元
路邊攤賺大錢3【致富篇】...................定價280元
路邊攤賺大錢4【飾品配件篇】...............定價280元
路邊攤賺大錢5【清涼美食篇】...............定價280元
路邊攤賺大錢6【異國美食篇】...............定價280元

流行瘋系列

跟著偶像FUN韓假...........................定價260元
女人百分百——男人心中的最愛...............定價180元
哈利波特魔法學院...........................定價160元
韓式愛美大作戰.............................定價240元
下一個偶像就是你...........................定價180元

人物誌系列

皇室的傲慢與偏見...........................定價360元
現代灰姑娘.................................定價199元
黛安娜傳...................................定價360元
最後的一場約會.............................定價360元
殞逝的英格蘭玫瑰...........................定價260元
優雅與狂野—威廉王子.......................定價260元
走出城堡的王子.............................定價160元
船上的365天...............................定價360元

City Mall系列

別懷疑，我就是馬克大夫.....................定價200元
就是要賴在演藝圈...........................定價180元
愛情詭話...................................定價170元
唉呀！真尷尬...............................定價200元

精緻生活系列

另類費洛蒙.................................定價180元
女人窺心事.................................定價120元
花落.......................................定價180元

發現大師系列

印象花園—梵谷.............................定價160元
印象花園—莫內.............................定價160元
印象花園—高更.............................定價160元
印象花園—竇加.............................定價160元
印象花園—雷諾瓦...........................定價160元
印象花園—大衛.............................定價160元
印象花園—畢卡索...........................定價160元
印象花園—達文西...........................定價160元
印象花園—米開朗基羅.......................定價160元
印象花園—拉斐爾...........................定價160元
印象花園—林布蘭特.........................定價160元
印象花園—米勒.............................定價160元
印象花園套書（12本）......................定價1920元
....（特價**1499**元）

Holiday系列

絮語說相思 情有獨鐘.......................定價200元

工商企管系列

二十一世紀新工作浪潮.......................定價200元
美術工作者設計生涯轉轉彎...................定價200元
攝影工作者設計生涯轉轉彎...................定價200元
企劃工作者設計生涯轉轉彎...................定價220元
電腦工作者設計生涯轉轉彎...................定價200元
打開視窗說亮話.............................定價200元

七大狂銷策略 定價220元
挑戰極限 定價320元
30分鐘教你提昇溝通技巧 定價110元
30分鐘教你自我腦內革命 定價110元
30分鐘教你樹立優質形象 定價110元
30分鐘教你錢多事少離家近 定價110元
30分鐘教你創造自我價値 定價110元
30分鐘教你Smart解決難題 定價110元
30分鐘教你如何激勵部屬 定價110元
30分鐘教你掌握優勢談判 定價110元
30分鐘教你如何快速致富 定價110元
30分鐘系列行動管理百科（全套九本）......... 定價990元
（特價799元，加贈精裝行動管理手札一本）
化危機為轉機 定價200元

親子教養系列

兒童完全自救寶盒 定價3,490元
（五書+五卡+四卷錄影帶 特價2,490元）
兒童完全自救手冊—爸爸媽媽不在家時 定價199元
兒童完全自救手冊—上學和放學途中 定價199元
兒童完全自救手冊—獨自出門 定價199元
兒童完全自救手冊—急救方法 定價199元
兒童完全自救手冊—
急救方法與危機處理備忘錄 定價199元

語言工具系列

NEC新觀念美語教室 定價12,450元
（共8本書48卷卡帶 特價9,960元）

大旗出版 大都會文化事業有限公司
台北市信義區基隆路一段432號4樓之9
電話：（02）27235216（代表號）
傳真：（02）27235220（24小時開放多加利用）
e-mail：metro@ms21.hinet.net
劃撥帳號：14050529
戶名：大都會文化事業有限公司

您可以採用下列簡便的訂購方式：

- 請向全國鄰近之各大書局選購
- 劃撥訂購：請直接至郵局劃撥付款。
  帳號：14050529
  戶名：大都會文化事業有限公司
  （請於劃撥單背面通訊欄註明欲購書名及數量）
- 信用卡訂購：請填妥下面個人資料與訂購單。
  （放大後傳真至本公司）

讀者服務熱線：（02）27235216（代表號）
讀者傳真熱線：（02）27235220（24小時開放請多加利用）

團體訂購，另有優惠！

信用卡專用訂購單

我要購買以下書籍：

書　　名	單價	數量	合計

總共：＿＿＿＿＿本書 ＿＿＿＿＿元
（訂購金額未滿500元以上，請加掛號費50元）

信用卡號：＿＿＿＿＿＿＿＿＿＿
信用卡有效期限：西元＿＿＿年＿＿月

信用卡持有人簽名：＿＿＿＿＿＿＿＿
（簽名請與信用卡上同）

信用卡別：□VISA □Master □AE □JCB □聯合信用卡
姓名：＿＿＿＿＿＿＿ 性別：＿＿＿
出生年月日：＿＿年＿＿月＿＿日 職業：＿＿＿
電話：（H）＿＿＿＿＿（O）＿＿＿＿＿
傳真：＿＿＿＿＿
寄書地址：□□□
＿＿＿＿＿＿＿＿＿＿＿＿
e-mail：＿＿＿＿＿＿＿＿＿＿

系列

DIY系列

DIY系列

DIY系列